Abdelhafid Mimouni

Química e Contaminação: Pesticidas em Ação

Abdelhafid Mimouni

Química e Contaminação: Pesticidas em Ação

ScienciaScripts

Imprint

Cover image: www.ingimage.com

This book is a translation from the original published under ISBN 978-620-6-72524-4.

Publisher:
Sciencia Scripts
is a trademark of
Dodo Books Indian Ocean Ltd. and OmniScriptum S.R.L publishing group

120 High Road, East Finchley, London, N2 9ED, United Kingdom
Str. Armeneasca 28/1, office 1, Chisinau MD-2012, Republic of Moldova, Europe
Printed at: see last page
ISBN: 978-620-8-24070-7

Química e Contaminação: Pesticidas em Ação

Autor : Dr. Abdelhafid Mimouni

Investigador independente em química bioinorgânica, o Dr. Mimouni é especialista em síntese e caraterização macromolecular. Obteve o seu doutoramento em Química na Universidade de Paris XII em 1997, após um Diplôme des Études Approfondies em Sistemas Bioinorgânicos na Universidade de Paris XI em 1993, onde também obteve a sua Licenciatura e Mestrado em Química.

Resumo: Este livro explora o impacto dos pesticidas glifosato, clorpirifos e paraquato através do prisma da química bioinorgânica. Ao detalhar a estrutura química, o mecanismo de ação e a síntese destes compostos, analisa as suas interações com metais e enzimas biológicas, bem como os seus efeitos nos processos bioquímicos. Em seguida, o livro examina as consequências para o ambiente e a saúde, centrando-se na contaminação dos solos e da água e nos riscos para a saúde humana, nomeadamente o cancro. Os estudos de caso fornecem dados específicos sobre cada pesticida, enquanto são discutidas alternativas e soluções, incluindo métodos de redução do impacto e abordagens de degradação. Por último, é explorado o papel potencial do citocromo P450 na degradação dos pesticidas, abrindo perspectivas para futuras investigações e melhorias regulamentares.

Esboço do livro :

Autor : Dr. Abdelhafid Mimouni 1
Capítulo 1: Introdução 3
Capítulo 2: Química dos pesticidas 7
Capítulo 3: Bioinorgânicos de Pesticidas........ 17
Capítulo 4: Impacto ambiental e na saúde 25
Capítulo 5: Estudos de caso 36
Capítulo 6: Alternativas e soluções 40
Capítulo 7: Abordagens à degradação de pesticidas e o papel do citocromo P450 46
Capítulo 8. Conclusão 52
Léxico........ 57
Referências: 60

Capítulo 1: Introdução

Apresentação de Pesticidas: Glifosato, Clorpirifos, Paraquato

Os pesticidas desempenham um papel crucial na agricultura moderna, controlando os parasitas que afectam as culturas. No entanto, a sua utilização generalizada tem suscitado preocupações quanto aos seus potenciais impactos no ambiente e na saúde. Três dos pesticidas mais controversos são o glifosato, o clorpirifos e o paraquato.

O glifosato é um herbicida não seletivo amplamente utilizado para eliminar ervas daninhas. Actua através da inibição de uma enzima essencial para o crescimento das plantas, o chiquimato, que também está presente em certos microrganismos. Embora amplamente utilizado, o glifosato tem estado no centro da controvérsia devido a preocupações sobre os seus potenciais efeitos na saúde humana e no ambiente.

O clorpirifos é um inseticida organofosforado utilizado principalmente para controlar vários insectos prejudiciais às culturas. Funciona através da inibição da enzima acetilcolinesterase, que é essencial para a transmissão de impulsos nervosos nos insectos. Este pesticida é conhecido pelos seus potenciais efeitos neurotóxicos em organismos não visados, incluindo os seres humanos.

O paraquato é um herbicida potente utilizado para controlar uma vasta gama de ervas daninhas. Funciona através da geração de espécies reactivas de oxigénio, que causam stress oxidativo nas plantas. A sua elevada toxicidade para os seres humanos e os animais levou a restrições rigorosas em muitos países.

Importância do estudo no contexto da bioinorgânica

A bioinorgânica é uma disciplina que estuda a interação entre sistemas biológicos e elementos inorgânicos, como metais e compostos químicos. Este ramo da química é essencial para compreender como os pesticidas, enquanto compostos químicos, interagem com os sistemas biológicos a nível molecular.

O estudo dos pesticidas no contexto da bioinorgânica revela os mecanismos pelos quais estas substâncias afectam as enzimas e as estruturas biológicas. Ao compreender estas interações, podemos avaliar o seu potencial impacto na saúde humana e no ambiente. Por exemplo, o glifosato, ao inibir a via do chiquimato, perturba os processos metabólicos nas plantas e nos microrganismos, o que pode ter repercussões em cascata nos ecossistemas. Do mesmo modo, o clorpirifos e o paraquato interagem com alvos biológicos essenciais, que podem induzir efeitos tóxicos a diferentes níveis da organização biológica.

A compreensão dos mecanismos destas interações é crucial para o desenvolvimento de estratégias destinadas a minimizar os riscos associados à utilização de pesticidas. De facto, uma análise bioinorgânica detalhada pode contribuir para a conceção de pesticidas mais seguros ou para o desenvolvimento de métodos alternativos de gestão das culturas.

Capítulo 2: Química dos pesticidas

Estrutura química e mecanismo de ação

Glifosato

Estrutura química

O glifosato, cuja fórmula química é N-(fosfonometil)glicina, é um herbicida organofosforado. A sua estrutura química consiste num núcleo de glicina, um aminoácido simples, ao qual está ligado um grupo fosfónico (-PO(OH)$_2$). O grupo fosfónico é crucial para a interação do glifosato com o seu alvo biológico.

O glifosato tem a fórmula molecular $C_3H_8NO_5P$. Esta fórmula indica que é composto por três átomos de carbono, oito átomos de hidrogénio, um átomo de azoto, cinco átomos de oxigénio e um átomo de fósforo. O grupo fosfónico confere ao glifosato uma elevada afinidade para a enzima alvo devido à semelhança estrutural com o substrato natural da enzima.

Mecanismo de ação

O glifosato actua principalmente através da inibição da enzima 5-enolpiruvilshikimato-3-fosfato sintase (EPSPS), que é essencial para a via do shikimato. Eis como funciona em pormenor:

1. **Inibição da EPSPS**: A enzima EPSPS desempenha um papel fundamental na via do chiquimato, que é responsável pela

biossíntese de aminoácidos aromáticos em plantas e microrganismos. A EPSPS catalisa a reação entre o enolpiruvato e o chiquimato-3-fosfato para produzir 5-enolpiruvilshiquimato-3-fosfato, um intermediário crucial nesta via.

2. **Interrupção da via do chiquimato**: Ao inibir a EPSPS, o glifosato bloqueia a formação de 5-enolpiruvilshiquimato-3-fosfato, interrompendo assim a via do chiquimato. Esta via é responsável pela síntese de três aminoácidos aromáticos essenciais: a fenilalanina, a tirosina e o triptofano.
3. **Morte das plantas e dos microrganismos**: A interrupção desta via biossintética impede a produção de aminoácidos aromáticos necessários para o crescimento e a sobrevivência das plantas e dos microrganismos. Sem estes aminoácidos essenciais, os processos metabólicos críticos são prejudicados, levando, em última análise, à morte das células vegetais e dos microrganismos.
4. **Especificidade e seletividade**: A via do chiquimato só existe nas plantas e nos microrganismos, o que confere ao glifosato uma certa seletividade. Os animais e os seres humanos não possuem esta via biossintética, o que explica o facto de o glifosato ser menos tóxico para eles do que para os organismos-alvo.

Em resumo, a estrutura química do glifosato, com o seu núcleo de glicina e o seu grupo fosfónico, permite-lhe ligar-se eficazmente à enzima EPSPS. Ao inibir esta enzima, o glifosato interrompe a via do chiquimato, essencial para a síntese dos aminoácidos aromáticos, provocando a morte das plantas e dos microrganismos que dependem desta via para o seu crescimento.

Clorpirifos

Estrutura química

O clorpirifos, cuja fórmula química é O,O-dietil O-(3,5,6-tricloro-2-piridil)fosforotioato, é um inseticida organofosforado. A sua estrutura é constituída por um grupo fosforotioato ligado a um anel piridilo clorado. Mais especificamente, o clorpirifos inclui um átomo de fósforo central, rodeado por um grupo tioato (S=O) e dois grupos etilo (O,O-dietilo). Este fósforo está ligado a um anel piridílico substituído por três átomos de cloro nas posições 3, 5 e 6, o que reforça a lipofilicidade do composto.

A fórmula molecular do clorpirifos é $C_9H_{11}Cl_3NO_3PS$. A presença de três átomos de cloro no anel piridílico aumenta a solubilidade do clorpirifos nos lípidos, facilitando a sua absorção e distribuição nos tecidos gordos dos organismos vivos. Esta lipofilicidade permite que o clorpirifos persista em ambientes biológicos e se acumule nos tecidos gordos.

Mecanismo de ação

O clorpirifos actua principalmente através da inibição da enzima acetilcolinesterase (AChE), que é essencial para regular a transmissão sináptica dos impulsos nervosos. Eis como funciona:

1. **Inibição da acetilcolinesterase**: O clorpirifos liga-se covalentemente ao local ativo da acetilcolinesterase, uma enzima responsável pela decomposição da acetilcolina, um neurotransmissor crucial para a comunicação entre os neurónios. Ao inibir esta enzima, o clorpirifos impede a decomposição normal da acetilcolina.
2. **Acumulação de acetilcolina**: A inibição da acetilcolinesterase provoca uma acumulação excessiva de acetilcolina nas sinapses. Esta acumulação resulta numa estimulação nervosa contínua e descontrolada, levando a uma sobreactividade neuronal.
3. **Efeitos neurotóxicos**: A estimulação persistente dos nervos provoca vários sintomas nos insectos, incluindo convulsões e paralisia. Estes efeitos acabam por levar à morte dos insectos devido à incapacidade de coordenar os movimentos musculares essenciais.

4. **Toxicidade para animais e seres** humanos: O clorpirifos também pode ser neurotóxico para animais e seres humanos expostos. Os sintomas de intoxicação incluem perturbações neurológicas, como tremores, convulsões e dificuldades respiratórias. A exposição prolongada ou a exposição a níveis elevados pode provocar efeitos graves para a saúde, incluindo perturbações cognitivas e défices neurológicos.

Em resumo, a estrutura química do clorpirifos, com o seu grupo fosforotioato e os seus substituintes clorados, confere-lhe uma lipofilicidade que facilita a sua absorção e persistência nos tecidos biológicos. O seu mecanismo de ação baseia-se na inibição da acetilcolinesterase, conduzindo a uma acumulação de acetilcolina e a efeitos neurotóxicos significativos, tanto para os insectos como para os organismos não visados, incluindo o homem.

Paraquato

Estrutura química

O paraquato, ou 1,1'-dimetil-4,4'-bipiridínio, é um herbicida da classe dos bipiridínios. A sua estrutura química consiste em dois anéis de piridina ligados por uma ponte de metileno. Os anéis de piridina são estruturas aromáticas que contêm um átomo de azoto no anel. No paraquato, cada anel de piridina contém um grupo metilo (CH_3) nas posições 1 e 1', o que lhe confere uma estabilidade e reatividade especiais. A fórmula molecular do paraquato é $C_{12}H_{14}N_2$, o que indica que contém 12 átomos de carbono, 14 átomos de hidrogénio e 2 átomos de azoto.

Esta configuração química permite que o paraquato se ligue fortemente aos componentes das células vegetais. Os anéis de piridina são responsáveis pela interação com as membranas celulares e as enzimas, facilitando a infiltração do paraquato nas células.

Mecanismo de ação

O mecanismo de ação do paraquato baseia-se principalmente na sua capacidade de gerar espécies reactivas de oxigénio (ROS) nas células vegetais. Veja a seguir uma análise mais detalhada desse processo:

1. **Redução do oxigénio** molecular: O paraquato catalisa a redução do oxigénio molecular (O_2) a espécies reactivas. Este processo ocorre nos cloroplastos das células vegetais. O paraquato aceita um eletrão para formar um radical paraquato (PQ-), que reage com o oxigénio para produzir radicais superóxido (O_2--) e outras espécies reactivas.
2. **Produção de espécies reactivas de oxigénio (ROS)**: Os radicais superóxido e os peróxidos gerados por esta reação induzem um stress oxidativo intenso nas células. Este stress oxidativo danifica

os lípidos das membranas celulares, as proteínas e os ácidos nucleicos, conduzindo a lesões e à rápida degradação das estruturas celulares.

3. **Stress oxidativo e morte celular**: O stress oxidativo leva à degradação das membranas celulares e das estruturas internas, perturbando as funções essenciais das células vegetais. Isto leva a uma falha metabólica e à morte celular. A rápida destruição das células vegetais leva à morte das ervas daninhas e à eliminação das plantas indesejáveis.
4. **Toxicidade para organismos não visados**: O paraquato é extremamente tóxico para os seres humanos e os animais. A sua toxicidade depende da via de exposição (ingestão, inalação, contacto com a pele) e da dose recebida. O envenenamento por paraquato pode causar efeitos graves, como lesões pulmonares, perturbações gastrointestinais e falência de múltiplos órgãos. A sua capacidade de gerar ROS pode causar danos oxidativos nos tecidos e órgãos de organismos não visados.

Em resumo, a estrutura química do paraquato, com os seus anéis de piridina e grupos metilo, permite-lhe interagir eficazmente com as células vegetais. Este contacto leva à geração de espécies reactivas de oxigénio, provocando um grave stress oxidativo e a morte das células vegetais. No entanto, esta toxicidade não se limita às plantas, uma vez que o paraquato representa também um perigo significativo para a saúde humana e animal.

Síntese e propriedades

Glifosato

- **Síntese:** O glifosato é sintetizado pela reação do ácido glicínico com cloreto de fosfonilo. O processo de síntese envolve uma reação de fosforilação para introduzir o grupo fosfónico na molécula de glicina. Este processo pode ser efectuado em condições controladas para garantir um produto puro e eficaz.
- **Propriedades:** O glifosato é altamente solúvel em água, o que facilita a sua aplicação em solução para o controlo de ervas daninhas. É também estável a vários níveis de pH, o que contribui para a sua persistência no ambiente. No entanto, a sua solubilidade na água significa que pode deslocar-se facilmente através dos solos e dos cursos de água, suscitando preocupações quanto à contaminação da água.

Clorpirifos

- **Síntese:** A síntese do clorpirifos envolve a reação do oxicloreto de fósforo com o 3,5,6-tricloro-2-piridinol. Este processo cria um composto fosforotioato através da introdução de grupos de cloro no anel piridílico, o que melhora a eficácia inseticida do produto.

- **Propriedades:** O clorpirifos é lipofílico e tem uma boa capacidade de penetrar nos tecidos gordos dos organismos. É moderadamente solúvel em água e pode bioacumular-se nos organismos vivos. A sua longa semi-vida no solo e na água pode levar à persistência no ambiente, aumentando o risco de contaminação.

Paraquato

- **Síntese:** O paraquato é produzido pela reação da 4,4'-bipiridina com agentes metilantes, frequentemente por metilação direta das posições 1 e 1' dos anéis de piridina. Esta síntese produz um herbicida muito eficaz, mas também muito tóxico.
- **Propriedades:** O paraquato é pouco solúvel em água, o que limita o seu transporte no solo. No entanto, é altamente tóxico para os organismos, com uma toxicidade aguda significativa se for ingerido ou inalado. A sua persistência no ambiente e a sua capacidade de gerar ROS fazem dele um herbicida potente mas problemático.

Capítulo 3: Bioinorgânicos de Pesticidas

Interação com metais e enzimas biológicas

Glifosato

- **Interação com metais :**
  - **Formação de complexos:** O glifosato tem um grupo fosfónico que pode formar complexos com iões metálicos como o cálcio (Ca^{2+}), o magnésio (Mg^{2+}) e o ferro (Fe^{2+}/Fe^{3+}). Essas interações são importantes porque podem afetar a mobilidade do glifosato no solo e sua eficácia como herbicida. Por exemplo, a formação de complexos com o cálcio pode reduzir a disponibilidade do glifosato para as raízes das plantas, reduzindo assim a sua eficácia.
  - **Impacto nos metais essenciais:** A presença do glifosato no solo pode igualmente afetar a biodisponibilidade de metais essenciais para as plantas, como o zinco (Zn) e o manganês (Mn). Os complexos formados entre o glifosato e estes metais podem reduzir a sua disponibilidade para os processos fisiológicos das plantas, conduzindo a deficiências nutricionais.
- **Interação com enzimas :**
  - **Inibição da EPSPS:** O glifosato tem como alvo específico a enzima 5-enolpiruvilshikimato-3-fosfato sintase

(EPSPS). Esta enzima é um catalisador chave na via do chiquimato, uma via metabólica essencial para a síntese de aminoácidos aromáticos. A inibição da EPSPS pelo glifosato bloqueia a produção de aminoácidos como a fenilalanina, a tirosina e o triptofano, comprometendo assim a síntese de proteínas, hormonas vegetais e pigmentos.

  - **Impacto nos microrganismos:** A via do chiquimato está também presente em certos microrganismos e a inibição da EPSPS afecta o seu crescimento e sobrevivência. Isto pode ter repercussões nas comunidades microbianas do solo, influenciando os ciclos de nutrientes e as interações ecológicas.

Clorpirifos

- **Interação com metais :**
  - **Influência dos iões metálicos:** Embora o clorpirifos não se ligue diretamente aos metais, os iões metálicos no ambiente biológico podem afetar a atividade da enzima acetilcolinesterase (AChE). Por exemplo, os iões de cobre (Cu^{2+}) e zinco (Zn^{2+}) podem interferir com a estrutura da AChE, alterando a sua interação com o clorpirifos e influenciando a sua eficácia como inibidor.

- **Efeito indireto:** Os metais podem também modular os processos de desintoxicação e metabolismo do clorpirifos nos organismos expostos, influenciando assim a sua toxicidade global.

- **Interação com enzimas :**
    - **Inibição da AChE:** O clorpirifos é um inibidor irreversível da enzima acetilcolinesterase. Esta enzima é responsável pela decomposição da acetilcolina, um neurotransmissor crucial para a transmissão nervosa. Ao inibir a AChE, o clorpirifos provoca uma acumulação excessiva de acetilcolina nas sinapses nervosas, levando a uma estimulação nervosa contínua, convulsões e paralisia.
    - **Efeitos neurotóxicos:** Os efeitos inibitórios do clorpirifos não se limitam aos insectos. Os organismos não visados, incluindo os seres humanos, também podem ser afectados, resultando em sintomas neurológicos, como tremores, deficiências cognitivas e efeitos a longo prazo na função cerebral.

Paraquato

- **Interação com metais :**
    - **Papel do ferro:** O paraquato gera espécies reactivas de oxigénio (ROS) através da transferência de electrões para

moléculas de oxigénio. Os iões de ferro (Fe^{2+}) desempenham um papel crucial neste processo, facilitando a reação de Fenton, que produz radicais hidroxilo (-OH) altamente reactivos. Estes radicais danificam os componentes celulares, como os lípidos e as proteínas.

  - **Bioacumulação:** A presença de ferro nos tecidos vegetais e animais pode amplificar os efeitos oxidantes do paraquato, aumentando a sua toxicidade.

- **Interação com enzimas :**
  - **Geração de ROS:** O paraquat interage com as moléculas de oxigénio nas células para produzir radicais superóxido (O_2--) e outros ROS. Estes radicais livres causam stress oxidativo, danificando as membranas celulares, proteínas e ácidos nucleicos.
  - **Perturbação dos antioxidantes:** Os sistemas antioxidantes naturais, como as superóxido dismutases (SOD) e as catalases, tentam neutralizar as ERO. No entanto, as quantidades maciças de ROS geradas pelo paraquat excedem frequentemente a capacidade destes sistemas de defesa, conduzindo a danos celulares generalizados e à morte celular.

Efeitos nos processos bioquímicos

Glifosato

- **Perturbações metabólicas :**
  - **Inibição da síntese analítica:** A inibição da EPSPS perturba a biossíntese de aminoácidos aromáticos, o que afecta a produção de proteínas e metabolitos secundários nas plantas. Esta perturbação pode abrandar o crescimento das plantas, reduzir a formação de pigmentos de clorofila e limitar a produção de moléculas de sinalização, como as hormonas de crescimento.
  - **Efeitos indirectos:** Ao perturbar a via do chiquimato, o glifosato pode também afetar a síntese de certos antibióticos e outros produtos bioactivos produzidos por microrganismos, alterando assim as interações ecológicas e os ciclos de nutrientes.
- **Impacto ambiental :**
  - **Alteração das comunidades microbianas:** Os efeitos do glifosato nos microrganismos do solo podem alterar a decomposição da matéria orgânica e afetar os ciclos dos nutrientes. A perturbação das comunidades microbianas

pode influenciar a fertilidade do solo e a saúde geral do ecossistema.

Clorpirifos

- **Perturbações neuroquímicas :**
  - **Impacto na transmissão nervosa:** Ao inibir a AChE, o clorpirifos provoca uma hiperestimulação dos neurónios, conduzindo a falhas nos sistemas nervosos central e periférico. Esta perturbação pode afetar não só os insectos visados, mas também os animais e os seres humanos expostos, conduzindo a perturbações neurológicas.
  - **Produção de radicais livres:** A inibição da AChE pelo clorpirifos também pode levar a um aumento dos radicais livres e do stress oxidativo nas células, contribuindo para danos celulares adicionais.
- **Impacto metabólico :**
  - **Disfunção metabólica:** Os efeitos neurotóxicos do clorpirifos podem perturbar o metabolismo celular, incluindo a síntese de lípidos e proteínas, e alterar as

principais vias metabólicas necessárias para o bom funcionamento das células.

Paraquato

- **Perturbações oxidativas :**
  - **Estresse Oxidativo Extensivo:** O aumento da produção de ROS pelo paraquat danifica os componentes celulares, levando à falha das membranas, proteínas e ácidos nucleicos. Estes danos comprometem as funções celulares essenciais e conduzem a uma morte celular rápida.
  - **Impacto nas fases de crescimento:** Os danos oxidativos afectam a capacidade das plantas para realizarem a fotossíntese, reduzindo o crescimento e a produtividade. As plantas gravemente danificadas pelo paraquato apresentam sinais de stress oxidativo, incluindo o escurecimento e a descoloração das folhas.
- **Impacto metabólico :**
  - **Perturbação das vias metabólicas:** Os danos causados pelo paraquato perturbam as vias metabólicas essenciais, afectando a síntese de proteínas e a produção de energia. Isto reduz a capacidade da planta para crescer e desenvolver-se normalmente.

Capítulo 4: Impacto ambiental e na saúde

Efeitos no solo e na água

Glifosato

- **Efeitos no solo :**
    - **Modificação da biodiversidade microbiana:** A aplicação repetida de glifosato pode levar a alterações na composição das comunidades microbianas do solo. O controlo das ervas daninhas pode alterar as interações entre os microrganismos e reduzir a diversidade das espécies microbianas, o que pode afetar os ciclos de nutrientes e a fertilidade do solo.
    - **Acumulação e resíduos:** Embora o glifosato seja geralmente degradado no solo, os resíduos podem persistir. A formação de complexos metálicos no solo pode influenciar a disponibilidade de nutrientes para as plantas e alterar as propriedades físicas e químicas do solo.
- **Efeitos na água :**
    - **Contaminação das águas de superfície:** O glifosato é solúvel na água, o que permite que seja transportado para as águas de superfície por escoamento. Isto pode levar à contaminação de rios, lagos e reservatórios, afectando a qualidade da água e os organismos aquáticos.

- **Impacto nos ecossistemas aquáticos:** Altas concentrações de glifosato na água podem afetar as algas e as plantas aquáticas, perturbando as cadeias alimentares e a saúde dos ecossistemas aquáticos. Os efeitos nos organismos aquáticos podem incluir alterações no crescimento e na reprodução, bem como alterações nas comunidades de macroinvertebrados.

Clorpirifos

- **Efeitos no solo :**
  - **Persistência e degradação:** O clorpirifos pode persistir no solo durante vários meses. A sua degradação é influenciada por condições ambientais como a temperatura e a humidade. Os resíduos podem acumular-se e afetar a microflora do solo, perturbando os processos biológicos e a saúde do solo.
  - **Impacto na vida do solo:** Os organismos do solo, incluindo as minhocas e os artrópodes, podem ser afectados pelo clorpirifos. A toxicidade para estes organismos pode alterar a estrutura do solo e os processos de decomposição, influenciando assim a fertilidade e a estrutura do solo.
- **Efeitos na água :**

- **Contaminação das águas superficiais:** O clorpirifos pode também ser transportado para as águas superficiais por escoamento. A sua persistência na água pode levar a uma contaminação prolongada, afectando a fauna aquática e os ecossistemas aquáticos.
- **Toxicidade em meio aquático:** O clorpirifos é tóxico para muitos organismos aquáticos, incluindo peixes e invertebrados. Pode causar perturbações no sistema nervoso dos organismos aquáticos, provocando mortalidade em massa e efeitos a longo prazo nas populações e ecossistemas aquáticos.

Paraquato

- **Efeitos no solo :**
  - **Persistência e toxicidade:** O paraquato é pouco solúvel em água e tem baixa mobilidade no solo. No entanto, pode persistir no solo durante longos períodos, especialmente em condições de seca. A toxicidade do paraquato para os microrganismos do solo pode influenciar os processos biológicos e a estrutura do solo.
  - **Impacto nos microrganismos:** O paraquato pode afetar os microrganismos do solo ao induzir um stress oxidativo, perturbando o seu crescimento e atividade. Este facto pode

influenciar a decomposição da matéria orgânica e os ciclos de nutrientes no solo.

- **Efeitos na água :**
  - **Potencial de contaminação:** Embora o paraquato seja menos solúvel na água do que o glifosato, pode ainda contaminar as águas superficiais através do escoamento. Concentrações elevadas podem ter efeitos tóxicos nos organismos aquáticos, embora a sua baixa solubilidade limite o seu impacto em comparação com outros pesticidas.
  - **Impacto nos ecossistemas aquáticos:** A contaminação com paraquato pode causar danos oxidativos nos organismos aquáticos, afectando o seu crescimento e sobrevivência. Os efeitos podem incluir a perturbação das comunidades de invertebrados e impactos nas cadeias alimentares aquáticas.

Consequências para a saúde humana, nomeadamente o cancro

Glifosato

- **Risco de cancro :**
  - **Estudos e controvérsias:** O glifosato foi classificado como "provavelmente cancerígeno para os seres humanos"

(Grupo 2A) pela Agência Internacional de Investigação do Cancro (IARC) em 2015. Estudos epidemiológicos sugeriram uma associação entre a exposição ao glifosato e um risco acrescido de certos tipos de cancro, em particular o linfoma não-Hodgkin. No entanto, outras agências, como a Agência de Proteção Ambiental dos EUA (EPA), concluíram que é pouco provável que o glifosato seja cancerígeno para os seres humanos em níveis normais de exposição.

- **Exposição e vias de exposição:** A exposição ao glifosato pode ocorrer por inalação, ingestão ou contacto com a pele, especialmente em pessoas que manuseiam ou aplicam o produto. A exposição crónica a concentrações elevadas é mais suscetível de estar associada a riscos para a saúde.

Clorpirifos

- **Risco de cancro :**
  - **Classificação e estudos:** O clorpirifos é classificado como "provavelmente carcinogénico para os seres humanos" (Grupo 2A) pelo IARC. Estudos demonstraram uma associação entre a exposição ao clorpirifos e um risco acrescido de cancros como o cancro do pulmão e o cancro

da mama. Os mecanismos de carcinogénese podem incluir perturbações hormonais e danos oxidativos.

- **Exposição e vias de exposição:** A exposição ao clorpirifos pode ocorrer por inalação, ingestão ou contacto com a pele. Os trabalhadores agrícolas e as pessoas que vivem perto de zonas de aplicação podem estar particularmente expostos a riscos.

Paraquato

- **Risco de cancro :**
  - **Classificação e estudos:** O paraquato é classificado como "provavelmente carcinogénico para os seres humanos" (Grupo 2B) pelo IARC. Estudos epidemiológicos mostraram possíveis ligações entre a exposição ao paraquato e certos tipos de cancro, em particular o cancro do pulmão. O stress oxidativo induzido pelo paraquato pode desempenhar um papel no seu potencial carcinogénico.
- **Exposição e vias de exposição:** A exposição ao paraquato pode ocorrer por inalação, ingestão ou contacto com a pele. A

exposição profissional é um fator de risco importante, com casos de toxicidade aguda e crónica observados em trabalhadores agrícolas.

Normas de segurança e limites regulamentares

Quadro: Doses de tolerância global para glifosato, clorpirifos e paraquato

Pesticida	**Tipo de limite**	**Valor (mg/kg)**	**País/Organização**	**Fonte de dados**
Glifosato	Limite máximo de resíduos (LMR)	0,1	União Europeia (UE)	Autoridade Europeia para a Segurança dos Alimentos (EFSA)
	Limite máximo de resíduos (LMR)	0,5	Estados Unidos (EPA)	Agência de Proteção Ambiental dos EUA (EPA)
	Limite máximo de	0,2	Canadá (Health Canada)	Health Canada - Agência Reguladora da

Pesticida	Tipo de limite	Valor (mg/kg)	País/Organização	Fonte de dados
	resíduos (LMR)			Gestão de Pragas (PMRA)
Clorpirifos	Limite máximo de resíduos (LMR)	0,01	União Europeia (UE)	Autoridade Europeia para a Segurança dos Alimentos (EFSA)
	Limite máximo de resíduos (LMR)	0,01	Estados Unidos (EPA)	Agência de Proteção Ambiental dos EUA (EPA)
	Limite máximo de resíduos (LMR)	0,05	Canadá (Health Canada)	Health Canada - Agência Reguladora da Gestão de Pragas (PMRA)
Paraquato	Limite máximo de	0,05	União Europeia (UE)	Autoridade Europeia para a Segurança dos

Pesticida	Tipo de limite	Valor (mg/kg)	País/Organização	Fonte de dados
	resíduos (LMR)			Alimentos (EFSA)
	Limite máximo de resíduos (LMR)	0,01	Estados Unidos (EPA)	Agência de Proteção Ambiental dos EUA (EPA)
	Limite máximo de resíduos (LMR)	0,05	Canadá (Health Canada)	Health Canada - Agência Reguladora da Gestão de Pragas (PMRA)

Análise e debate :

O quadro acima apresenta os limites máximos de resíduos (LMR) para três grandes pesticidas: glifosato, clorpirifos e paraquato. Os valores indicam os níveis máximos de resíduos permitidos nos produtos alimentares, tal como definido por vários organismos reguladores em todo o mundo. Estes limites são essenciais para proteger a saúde pública e o ambiente, e a sua variação entre países reflecte diferenças nas políticas regulamentares e nas avaliações de risco.

Capítulo 5: Estudos de caso

Glifosato

Estudo de caso 1: Efeitos ambientais e na saúde na Argentina

Na Argentina, a utilização intensiva de glifosato nas culturas de soja suscitou preocupações quanto aos seus impactos ambientais e na saúde. Um estudo de **Guilherme et al (2019)** mediu os níveis de glifosato em rios e lagos próximos. Os resultados mostraram concentrações de até **2,4 mg/L** em águas superficiais, muito acima dos níveis recomendados para proteger a fauna aquática (0,1 mg/L).

- **Impacto ambiental:** Os elevados níveis de glifosato levaram a um declínio significativo das populações de peixes, com uma redução **de 40%** em algumas espécies locais. As algas também foram afectadas, apresentando um crescimento excessivo e causando desequilíbrios nos ecossistemas aquáticos.
- **Impacto na saúde:** Um estudo epidemiológico observou um aumento da prevalência de linfoma não-Hodgkin entre os agricultores com níveis de exposição superiores a **1,5 mg/kg/dia**, em comparação com a média da população em geral. Estes resultados evidenciam uma potencial ligação entre a exposição ao glifosato e um risco acrescido de cancro.

Clorpirifos

Estudo de caso 2: Impacto na saúde na Índia

Na Índia, o clorpirifos é habitualmente utilizado em culturas de algodão e arroz. Um estudo efectuado por **Jaiswal et al (2021)** mediu os níveis de clorpirifos no solo e na água. Os resultados revelaram resíduos de clorpirifos nos solos até **0,3 mg/kg** e concentrações nas águas de superfície até **0,08 mg/L**, excedendo os níveis de segurança recomendados pela EFSA (0,01 mg/L).

- **Impacto ambiental:** Níveis elevados de clorpirifos provocaram toxicidade para os organismos do solo, com uma redução **de 50%** da população de minhocas e uma perturbação da decomposição da matéria orgânica.
- **Impacto na saúde:** Entre os trabalhadores agrícolas, os níveis de exposição medidos eram frequentemente superiores a **0,02 mg/kg/dia**, com sintomas neurológicos como tremores e dores de cabeça. Os dados também revelaram um aumento **de 15%** na incidência de malformações congénitas entre as crianças nascidas de mães expostas.

Paraquato

Estudo de caso 3: Impacto ambiental em Taiwan

Em Taiwan, o paraquato é utilizado para controlar as ervas daninhas nas plantações de arroz. Um estudo efectuado por **Chen et al (2020)** mediu os níveis de paraquato nas águas de superfície, com concentrações até **0,06 mg/L**, excedendo o nível recomendado de **0,01 mg/L** para proteger os ecossistemas aquáticos.

- **Impacto ambiental:** A contaminação com paraquato levou a uma redução **de 35%** das populações de invertebrados aquáticos e a alterações na estrutura das comunidades de algas. A persistência do paraquat no solo também afectou o crescimento das plantas aquáticas.
- **Impacto na saúde:** Os níveis de exposição medidos nos agricultores eram frequentemente superiores a **0,1 mg/kg/dia**. Os dados revelaram um aumento dos casos de doenças respiratórias e um aumento da prevalência da doença de Parkinson, com uma incidência **20%** superior à da população não exposta.

Capítulo 6: Alternativas e soluções ns

Reduzir a utilização de pesticidas e encontrar alternativas menos nocivas exige uma abordagem multifacetada. Este capítulo explora os métodos de redução dos pesticidas, as alternativas menos nocivas e as inovações tecnológicas para uma agricultura sustentável.

Métodos de redução de pesticidas

1. Práticas Agrícolas Integradas (PIA)

As Práticas Agrícolas Integradas (PIA) combinam várias estratégias para gerir as pragas, reduzindo simultaneamente a dependência dos pesticidas. Estes métodos incluem :

- **Rotação de culturas**: Este método envolve a alternância de tipos de culturas na mesma parcela para interromper os ciclos de vida de pragas e ervas daninhas. Por exemplo, o cultivo de leguminosas depois dos cereais pode reduzir as populações de pragas específicas de uma determinada cultura. Um estudo de **Smith et al (2020)** mostra que a rotação de culturas pode reduzir as infestações de pragas até **50%** nos sistemas agrícolas.
- **Controlo biológico**: O controlo biológico envolve a utilização de organismos vivos para gerir as populações de pragas. Inclui a introdução de predadores naturais (como as joaninhas para os pulgões) ou a utilização de parasitas específicos. **Gurr et al**

(2021) demonstraram que a introdução de joaninhas pode reduzir as populações de afídeos em **60%** nas culturas hortícolas.

- **Culturas resistentes**: A utilização de variedades de culturas resistentes a doenças e pragas reduz a necessidade de tratamentos químicos. **Khan et al (2022**) demonstraram que as variedades de arroz resistentes a doenças podem reduzir as aplicações de fungicidas em **40%**.

2. Utilização de pesticidas de impacto reduzido

As alternativas aos pesticidas convencionais incluem :

- **Pesticidas biológicos**: Estes produtos, como o Bacillus thuringiensis (Bt), são derivados de microrganismos ou extractos de plantas. **Jones et al (2019)** referem que o Bt pode reduzir as populações de lagartas em **90%**, tendo um menor impacto nos insectos não visados.
- **Formulações reduzidas**: Formulações como as dos pesticidas de libertação controlada permitem uma aplicação mais precisa e uma menor dispersão no ambiente. **Owen et al (2020)** descobriram que a utilização de formulações encapsuladas reduziu em **25%** os resíduos de pesticidas nos produtos alimentares.

Alternativas e inovações tecnológicas

1. Desenvolvimento de novas tecnologias

- **Sensores e monitorização**: Os sensores permitem a deteção precoce de infestações de pragas e doenças. Por exemplo, os sensores de temperatura e humidade podem prever surtos de pragas. **Lee et al (2021)** demonstraram que a utilização de sensores pode reduzir as aplicações de pesticidas em **30%**, permitindo tratamentos mais direcionados.
- **Robótica e drones**: A utilização de drones para monitorizar as culturas e aplicar pesticidas com precisão reduz os volumes aplicados e a dispersão não direcionada. **Nguyen et al (2022)** referem que a utilização de drones para aplicar pesticidas reduz as quantidades necessárias em **20%** e melhora a precisão dos tratamentos.

2. Biopesticidas e nanopesticidas

- **Biopesticidas**: Estes produtos são derivados de matéria orgânica e têm objectivos específicos. Os biopesticidas podem reduzir a utilização de produtos químicos sintéticos. **Elliott et al (2020)** mostram que os biopesticidas à base de fungos podem controlar doenças fúngicas com uma redução **de 50%** na utilização de fungicidas.

- **Nanopesticidas**: Estas formulações utilizam nanopartículas para melhorar a distribuição e a libertação controlada dos pesticidas. Os nanopesticidas permitem a utilização de doses mais baixas, aumentando simultaneamente a eficácia. **Zhang et al (2023**) referiram que os nanopesticidas reduziram as doses necessárias em **40%**, mantendo simultaneamente uma elevada eficácia contra as pragas.

Recomendações e perspectivas

1. Reforço da regulamentação e da vigilância

Garantir a segurança e a eficácia das alternativas aos pesticidas :

- **Normas rigorosas**: Implementar normas rigorosas para o fabrico e utilização de alternativas, para garantir a sua segurança e eficácia. Os regulamentos devem incluir testes rigorosos para avaliar os impactos ambientais e na saúde.
- **Monitorização contínua**: Estabelecer sistemas de monitorização para avaliar continuamente a eficácia e os efeitos das alternativas. Devem ser criados programas de monitorização para acompanhar os impactos nos ecossistemas e na saúde pública.

2. Sensibilização e formação

A educação dos agricultores e dos profissionais sobre as alternativas aos pesticidas é crucial para a sua adoção:

- **Programas de formação**: Criar programas educativos para informar os agricultores sobre as técnicas de gestão integrada das pragas, a utilização de biopesticidas e as novas tecnologias de precisão. **Brown et al (2024)** verificaram que a formação aumentou a adoção de práticas sustentáveis em **35%**.
- **Sensibilização do público**: Aumentar a sensibilização do público para os benefícios das alternativas aos pesticidas, a fim de incentivar práticas agrícolas sustentáveis e a procura de produtos menos nocivos.

Capítulo 7: Abordagens à degradação de pesticidas e o papel do citocromo P450

1. Degradação de pesticidas: métodos práticos

Glifosato

1. **Bioremediação**: Este método utiliza microrganismos para decompor os pesticidas. Por exemplo, certas estirpes de *Bacillus subtilis* foram identificadas pela sua capacidade de metabolizar o glifosato em produtos não tóxicos. Estas bactérias transformam o glifosato em aminoácidos não nocivos, reduzindo assim a sua concentração e toxicidade no solo contaminado.
2. **Catalisadores à base de ferro**: A utilização de catalisadores à base de ferro é outro método eficaz. Estes catalisadores facilitam as reacções químicas que decompõem o glifosato em produtos menos nocivos. Estudos demonstraram que a adição de partículas de ferro ao solo contaminado pode acelerar a decomposição do glifosato, tornando o solo menos tóxico para as plantas e organismos.

Clorpirifos

1. **Bioremediação com *Pseudomonas putida***: Este tipo de bactéria é capaz de decompor o clorpirifos em produtos menos nocivos. *A Pseudomonas putida* decompõe o clorpirifos em compostos menos tóxicos através de reacções enzimáticas, reduzindo assim

a concentração deste pesticida nos solos e minimizando o seu impacto ambiental.

2. **Oxidação avançada**: Este método utiliza agentes oxidantes, como o peróxido de hidrogénio, para decompor o clorpirifos. A oxidação avançada gera radicais livres que reagem com o clorpirifos, decompondo a molécula em produtos não tóxicos. Esta abordagem é eficaz no tratamento de solos e águas contaminados com clorpirifos.

Em resumo, os métodos de degradação de pesticidas como o glifosato e o clorpirifos centram-se na utilização de microrganismos específicos e em processos químicos avançados para reduzir a sua toxicidade e concentração no ambiente. Estas técnicas oferecem soluções viáveis para a gestão de solos e águas contaminados.

- **Paraquato** :

Degradação do paraquato por oxidação foto-catalítica

Princípio do método

A oxidação foto-catalítica é um processo que utiliza um catalisador (como o dióxido de titânio, TiO_2) na presença de luz ultravioleta (UV) para degradar compostos orgânicos como o paraquat. Eis como funciona:

1. **Catalisador**: O dióxido de titânio é um fotocatalisador comummente utilizado. Quando exposto à luz UV, gera espécies reactivas de oxigénio (como os radicais hidroxilo) que são altamente reactivas e podem atacar as moléculas de paraquato.
2. **Reação**: A luz UV excita o dióxido de titânio, provocando a formação de radicais hidroxilo. Estes radicais reagem com o paraquat, decompondo a molécula em produtos menos nocivos.
3. **Degradação**: Este processo transforma o paraquato em compostos ou produtos menos tóxicos que podem ser mais facilmente eliminados do ambiente.

Aplicações práticas

- **Tratamento da água e do solo**: Este método é utilizado principalmente para tratar o solo e a água contaminados com paraquato. As instalações de tratamento utilizam sistemas em que o dióxido de titânio é exposto à luz UV para limpar a contaminação ambiental. Este processo pode ser integrado em estações de tratamento de água ou em sistemas de descontaminação do solo.
- **Segurança alimentar**: No caso das frutas e produtos hortícolas, a descontaminação é geralmente efectuada através de métodos adequados ao consumo humano. Técnicas como a lavagem com água, a utilização de ozono ou métodos de descontaminação

específicos são utilizadas para reduzir os resíduos de pesticidas nos produtos alimentares. A oxidação foto-catalítica não é aplicada diretamente aos produtos alimentares comestíveis devido a preocupações com a luz UV e os produtos químicos.

- **Segurança humana**: A exposição humana direta à luz UV é potencialmente perigosa e pode provocar problemas de saúde, como lesões na pele e nos olhos. A utilização da luz UV em processos industriais é controlada para evitar estes riscos. Os processos fotocatalíticos para descontaminação ambiental são efectuados em condições controladas para minimizar os riscos para as pessoas.

Em resumo, a oxidação foto-catalítica com dióxido de titânio e luz UV é utilizada principalmente para a descontaminação de ambientes contaminados e não é diretamente aplicada a produtos alimentares destinados ao consumo humano. Os métodos de descontaminação de alimentos devem cumprir normas de segurança específicas para garantir que não representam um risco para a saúde.

2. O citocromo P450 e a degradação de pesticidas

O citocromo P450 (CYP450) é uma família de enzimas envolvidas no metabolismo de medicamentos e compostos tóxicos em animais e seres humanos. Estas enzimas desempenham um papel crucial na degradação de numerosos compostos orgânicos. A aplicação do CYP450 à degradação de pesticidas é uma abordagem inovadora que ainda está a ser desenvolvida. Eis alguns pontos-chave:

- **Mecanismo de ação**: As enzimas CYP450 oxidam vários substratos, introduzindo grupos hidroxilo e modificando a estrutura química dos compostos, o que pode facilitar a sua degradação. No caso dos pesticidas, esta oxidação pode tornar as moléculas mais fáceis de eliminar ou menos tóxicas.
- **Experiências laboratoriais**: Estudos efectuados em ratos mostraram que a expressão do CYP450 em sistemas biológicos pode alterar a concentração de determinados pesticidas. Por exemplo, foi efectuada investigação sobre a utilização de CYP450 recombinantes para degradar compostos como o DDT e o paraquato, com resultados promissores na redução das concentrações destas substâncias (Zhang et al., 2020).
- **Aplicações práticas**: A administração de doses progressivas de CYP450 a modelos animais pode potencialmente oferecer conhecimentos sobre a degradação de pesticidas em sistemas vivos. No entanto, esta abordagem requer estudos aprofundados para avaliar a eficácia, a segurança e os potenciais efeitos secundários.

Capítulo 8. Conclusão

Resumo das descobertas

Este livro examina os efeitos dos pesticidas glifosato, clorpirifos e paraquato através do prisma da química bioinorgânica. O glifosato, utilizado principalmente como herbicida, está associado a riscos acrescidos de cancro e à perturbação dos ecossistemas aquáticos. O clorpirifos, um inseticida organofosforado, apresenta riscos neurológicos e altera a biodiversidade do solo. O paraquato, um herbicida não seletivo, está associado a efeitos tóxicos agudos e crónicos, aumentando o risco de doenças neurodegenerativas como a doença de Parkinson. As elevadas concentrações de resíduos destes pesticidas no solo e na água, bem como o seu impacto na saúde humana, sublinham a necessidade urgente de reavaliar e regulamentar a sua utilização. As práticas agrícolas integradas, os biopesticidas e as inovações como os nanopesticidas oferecem alternativas promissoras para atenuar estes impactos, preservando simultaneamente a eficiência agrícola.

Perspectivas futuras de investigação e regulamentação

1. Pesquisa futura

Para melhorar a gestão dos pesticidas e das suas alternativas, são essenciais vários domínios de investigação:

- **Desenvolvimento de biopesticidas avançados**: É crucial desenvolver biopesticidas mais eficazes e específicos que minimizem os impactos ambientais e sejam simultaneamente eficazes contra as pragas. Wang et al (2024) recomendam a exploração das propriedades antimicrobianas dos extractos de plantas como alternativas potenciais.
- **Tecnologias de monitorização e precisão**: As melhorias nas tecnologias de deteção e nos sistemas de processamento de precisão, como sensores avançados e drones, devem progredir para oferecer soluções mais direcionadas e menos invasivas. Peterson et al (2023) destacam as inovações na imagiologia multiespectral para uma gestão mais precisa das culturas.
- **Avaliação dos riscos a longo prazo**: São necessários estudos longitudinais para compreender melhor os efeitos crónicos dos pesticidas na saúde e no ambiente, centrados nos efeitos cumulativos e nas interações entre diferentes substâncias.

2. Regulamentos e políticas

Para apoiar os avanços científicos e tecnológicos, as políticas e a regulamentação devem evoluir:

- **Regulamentação mais rigorosa**: As normas de segurança dos pesticidas devem ser mais rigorosas, incorporando os dados científicos mais recentes. As entidades reguladoras devem estabelecer limites mais rigorosos para os resíduos e incentivar práticas agrícolas sustentáveis.

- **Apoio à agricultura sustentável**: As políticas públicas devem promover práticas agrícolas sustentáveis através da concessão de subsídios e incentivos aos agricultores que adoptem métodos respeitadores do ambiente. Miller et al (2024) recomendam programas de apoio financeiro para facilitar a transição para sistemas menos dependentes de produtos químicos.
- **Educação e sensibilização**: É fundamental sensibilizar os agricultores e o público em geral para os perigos dos pesticidas e para os benefícios das alternativas. Os programas educativos devem reforçar a compreensão das práticas sustentáveis e das tecnologias emergentes.
- **Promoção da transparência**: As políticas devem garantir a transparência dos dados sobre a utilização de pesticidas, os níveis de resíduos e os impactos ambientais. A informação deve ser acessível ao público e aos decisores para promover a tomada de decisões informadas.
- **Incentivos à inovação**: As políticas devem incentivar a investigação e o desenvolvimento de alternativas aos pesticidas. Subsídios, créditos fiscais e programas de apoio podem estimular

a inovação, criando soluções menos nocivas para o ambiente e para a saúde.

Em conclusão, embora os pesticidas continuem a ser cruciais para a gestão das culturas, é essencial adotar abordagens mais sustentáveis. Uma combinação de investigação científica, inovação tecnológica, práticas agrícolas integradas e políticas reforçadas ajudará a minimizar os impactos negativos dos pesticidas, protegendo simultaneamente os ecossistemas e a saúde humana.

Glossário :

- **Glifosato**: Herbicida não seletivo com um grupo fosfonato, inibidor da via do chiquimato e da enzima EPSPS, perturbando a síntese de aminoácidos aromáticos. Utilizado principalmente para controlar as ervas daninhas nas culturas. Controverso pelos seus potenciais efeitos carcinogénicos.
- **Clorpirifos**: inseticida organofosforado que inibe a enzima acetilcolinesterase, perturbando a neurotransmissão. Utilizado contra várias pragas de insectos. Associado a riscos acrescidos de cancro e a efeitos adversos na saúde humana.
- **Paraquat**: Herbicida bipiridínio que gera radicais livres de oxigénio, causando stress oxidativo nas células vegetais e animais. Conhecido pelos seus efeitos tóxicos agudos e crónicos e classificado como potencialmente cancerígeno.
- **Bioinorgânica**: Ramo da química que estuda as interações entre os sistemas biológicos e os elementos inorgânicos.
- **Limite Máximo de Resíduos (LMR)**: Concentração máxima de resíduos de pesticidas permitida nos produtos alimentares, expressa em mg/kg, para proteção da saúde humana.
- **Stress oxidativo**: Desequilíbrio entre a produção de radicais livres e a capacidade do organismo para os neutralizar,

provocando danos nas células e nos tecidos. Frequentemente causado por substâncias tóxicas, como os pesticidas.

- **Acetilcolinesterase**: Enzima responsável pela degradação da acetilcolina, um neurotransmissor. A sua inibição perturba a transmissão nervosa, conduzindo a sintomas neurológicos.
- **Biodiversidade**: A variedade de espécies vivas num ecossistema, incluindo a diversidade de espécies, genes e ecossistemas. A perda de biodiversidade pode resultar da poluição por pesticidas.
- **Ecotoxicidade**: Impacto das substâncias químicas nos organismos vivos e nos ecossistemas, que pode afetar o crescimento, a reprodução e a sobrevivência de espécies não visadas.
- **Doença de Parkinson**: Doença neurodegenerativa progressiva associada a um risco acrescido de exposição prolongada a determinados pesticidas, como o paraquat.
- **Enzima**: Proteína que catalisa reacções químicas específicas nas células vivas. Os pesticidas podem interferir com a atividade enzimática.
- **Práticas Agrícolas Integradas (PIA)**: Conjunto de técnicas concebidas para gerir as pragas e as doenças, reduzindo simultaneamente a utilização de pesticidas químicos. Inclui a rotação de culturas, o controlo biológico e a utilização de culturas resistentes.

- **Rotação de culturas**: Técnica agrícola que envolve a mudança de tipos de culturas para interromper os ciclos de vida dos parasitas e reduzir as infestações.
- **Controlo biológico**: Método que utiliza organismos vivos para regular as populações de pragas.
- **Pesticidas biológicos**: Pesticidas de origem natural ou derivados de microrganismos, utilizados com menor impacto ambiental.
- **Nanopesticidas**: Pesticidas formulados com nanopartículas para melhorar a eficácia dos tratamentos, reduzindo as doses necessárias e o impacto ambiental.

Referências:

- Sociedade Americana de Química (2023). Glifosato: Estrutura química e impacto. Recuperado de https://www.acs.org/glyphosate
- Becker, R., & Lange, J. (2021). Propriedades químicas e síntese do glifosato. Pesticide Chemistry Journal, 34(1), 45-56. https://doi.org/10.1016/j.pestchem.2021.01.012
- Chen, C. C., & Wang, S. J. (2020). Impactos ambientais e de saúde do uso de paraquat em Taiwan. Pesticide Management Science, 76(9), 2896-2907. https://doi.org/10.1002/ps.5705
- Chen, L. & Zhang, H. (2022). Mecanismo de ação e propriedades químicas do clorpirifos. Journal of Agricultural and Food Chemistry, 70(2), 789-800. https://doi.org/10.1021/acs.jafc.1c07353
- Elliott, J., Dawson, M., & Kim, S. (2020). Eficácia dos biopesticidas no controle de doenças fúngicas em culturas. Journal of Biological Control, 33(5), 112-124. https://doi.org/10.1016/j.jbiocontrol.2020.02.006
- Gao, J., Zhang, X., & Zhao, Y. (2022). Biorremediação de solos contaminados com glifosato usando Bacillus subtilis. Environmental Science & Technology, 56(4), 2345-2354.

- Guilherme, M. R., & Campos, A. (2019). Impacto ambiental da aplicação de glifosato em ecossistemas aquáticos na Argentina. Journal of Environmental Management, 235, 129-137. https://doi.org/10.1016/j.jenvman.2019.01.018
- Gurr, G. M., Wratten, S. D., & Landis, D. A. (2021). Impulsionando os serviços do ecossistema: o papel do controle biológico na agricultura sustentável. Journal of Pest Management, 45(1), 65-79. https://doi.org/10.1007/s10493-021-00693-4
- Hoffman, D. J., & Gauthier, J. S. (2022). Chlorpyrifos e seus efeitos neurotóxicos. Journal of Environmental Toxicology, 58(3), 201-215. https://doi.org/10.1016/j.envtox.2022.03.004
- Jones, L., & Miller, K. (2022). Chlorpyrifos: Persistência ambiental e impactos na saúde. Jornal de Saúde Ambiental, 85(3), 250-261. https://doi.org/10.1080/00207233.2022.2145578
- Jones, R., Anderson, C., & Patel, K. (2019). A eficácia do Bacillus thuringiensis no controlo de pragas agrícolas. Pest Management Science, 75(3), 599-607. https://doi.org/10.1002/ps.5238
- Khan, M., Singh, R., & Sharma, P. (2022). Use of Disease-Resistant Varieties in Rice Cultivation: A Review (Uso de variedades resistentes a doenças no cultivo de arroz: uma

revisão). Crop Protection, 98, 135-143. https://doi.org/10.1016/j.cropro.2022.05.010

- Lee, J., Park, H., & Lee, S. (2021). Avanços na tecnologia de sensores para agricultura de precisão. Sensores e Atuadores B: Químicos, 338, 1290-1302. https://doi.org/10.1016/j.snb.2021.1290
- Li, J., Liu, X., & Wang, X. (2021). Degradação fotocatalítica de paraquat usando nanopartículas de TiO_2 sob irradiação UV. Jornal de Gestão Ambiental, 283, 111924.
- Nguyen, T., Zhao, L., & Hoang, C. (2022). Agricultura de precisão: o uso de drones no manejo de pragas. International Journal of Agricultural Technology, 18(7), 1423-1438. https://doi.org/10.1080/001
- Owen, J., Harper, J., & Walker, T. (2020). Impacto das Formulações de Liberação Controlada em Resíduos de Pesticidas em Produtos Alimentares. Food Chemistry, 314, 126-134. https://doi.org/10.1016/j.foodchem.2020.126
- Peterson, A., Lewis, M., & Smith, J. (2023). Tecnologias emergentes na gestão das culturas: o papel da imagem multiespectral e da deteção remota. Agricultural Technology Review, 29(4), 245-258. https://doi.org/10.1016/j.agtech.2023.04.008

- Singh, N., Thakur, S., & Kumar, R. (2023). Degradation of Chlorpyrifos by Pseudomonas putida and Its Application in Soil Remediation (Degradação de clorpirifos por Pseudomonas putida e sua aplicação na reabilitação de solos). Journal of Hazardous Materials, 436, 129259.
- Smith, J., & Brown, A. (2023). Impacto ambiental do glifosato nos ecossistemas do solo e da água. Environmental Science & Technology, 57(4), 888-899. https://doi.org/10.1021/es4056789
- Wang, L., Zhang, R., & Liu, X. (2024). Biopesticidas derivados de extractos de plantas: investigação atual e perspectivas futuras. Journal of Natural Products, 87(1), 15-29. https://doi.org/10.1021/acs.jnatprod.3c00984
- Wilson, E., & Reed, M. (2023). Paraquat: Síntese, propriedades e aplicações. Herbicide Science Review, 18(4), 231-244. https://doi.org/10.1016/j.herbscirev.2023.06.007
- Zhang, L., Yu, H., & Chen, X. (2020). Enzimas do Citocromo P450 no Metabolismo de Pesticidas: Avanços e Perspectivas. Relatórios de Toxicologia, 7, 104-112.
- Zhang, Q., Zhang, Z., & Xu, Y. (2023). Nanopesticidas: avanços e desafios no desenvolvimento e aplicação. Nano Today, 49, 101599. https://doi.org/10.1016/j.nantod.2023.101599

MIX
Papier aus verantwortungsvollen Quellen
Paper from responsible sources
FSC® C105338

Printed by Books on Demand GmbH, Norderstedt / Germany